每个名侦探都有一位得力助手，偏偏助手猫儿花生有点迷糊，有时候会误导办案，甚至好几次把证物吃掉了！

猫儿花生

狐狸老板

在森林开市……　　　　　　头脑超级好……　　　　　　大发黑心财……

猫儿花生卖茶壶

猫儿花生最近做起卖茶壶的生意。

这把壶的样式很特别，本来卖 99 元，算你 88 元就好。

刚才那位客人的壶才卖 70 元，怎么我的这么贵？

壶的样式都不一样，卖多少钱，要看壶的造型。我再降 8 元，就卖 80 元吧。

你看，壶口歪歪的，我只愿意给 60 元。

60 元太低了，给 65 元吧。

好，成交。

这把壶的手工很不错，本来一把卖 100 元，给你打个折扣，90 元就好。

可是我只有 70 元。

好吧，这是最后一把壶了，就 70 元。

谢谢你呀！

太好了，茶壶全卖完了，来算算赚了多少钱？

你一共卖几把壶？

六把。

每把壶赚多少钱，怎么算？

这是向做壶师傅买六把壶的成本价。

现在来填上卖出去的价格。

好像赚了不少钱。要请我们吃饭喔。

编号	壶	壶的成本价（元）	售价（元）	售价减成本价（元）
1	🫖	70	100	
2	🫖	50	80	
3	🫖	40	60	
4	🫖	60	70	
5	🫖	60	65	
6	🫖	68	70	
合计		348	445	

没问题！你们帮我算算每把壶赚多少钱？

算算看，六把壶的售价减掉成本价，各是多少？

我算好了！

把售价减掉成本价后，剩下的钱全部加起来，一共赚 97 元。

编号	壶	壶的成本价（元）	售价（元）	售价减成本价（元）
1		70	100	30
2		50	80	30
3		40	60	20
4		60	70	10
5		60	65	5
6		68	70	2
合计		348	445	97

$$30 + 30 + 20 + 10 + 5 + 2 = 97$$

对了，这六把壶是做壶师傅请快递送来的，还有快递费 90 元。

这笔费用也要算在成本里唷！

97 元再减 90 元！

97-90

怎么才赚 7 元啊？

我看你还是老老实实当我的助手，别想转行做商人了。

数学追追追

把"卖掉的总收入"减掉"进货时花费的成本"，就是实际赚的钱。猫儿花生这次特地向狐狸老板请教做生意的方法，请问这次赚了多少钱？

编号	壶	壶的成本价（元）	售价（元）	售价减成本价（元）
1		20	45	
2		30	50	
3		40	60	
合计				

（答案请见61页）

飞镖射靶，99分

考拉阿姨是做饼干的高手。今年游园会，她和狐狸老板合办的射靶游戏，非常受欢迎。

标靶有 5 个得分区，每位玩家有 5 支飞镖，射中总分刚好是 99 分，就可以拿走饼干礼盒。

这全是我做的手工饼干唷！

我射中 1 支 27 分，1 支 18 分，3 支 9 分。

抱歉，只有 72 分。

射靶对我来说，很简单。5 支飞镖全射中红心，总分 225 分。

总分要刚好是 99 分，分数再高，也没办法拿奖唷。

我射中 2 支 45 分，1 支 9 分，另外 2 支落地，这样一共 99 分。

落地就失去资格了。

又没有说落地不算。

又没有说落地不算。

抱歉，游戏规则没讲清楚。小兔，这两颗糖果请你吃。

谢谢阿姨！

要怎么射出 99 分呀？

好好运用学过的加法，透过猜测和估算找答案。

想想看，靶上的分数，全是哪一个数字的倍数呢？

有没有发现，99是9的倍数，靶上的分数，也全是9的倍数。

$$99 = 9 \times 11$$
$$45 = 9 \times 5$$
$$36 = 9 \times 4$$
$$27 = 9 \times 3$$
$$18 = 9 \times 2$$
$$9 = 9 \times 1$$

再看看这个式子：

$$99 = 9 \times 11 = 9+9+9+9+9+9+9+9+9+9+9$$

5，4，3，2，1 这几个数字怎么加，可以得到 11？

这样变简单了，我和小羊解出两组答案！

（一）$5+2+2+1+1=11$

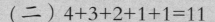

$$9+9+9+9+9+9+9+9+9+9+9=45+18+18+9+9$$

5个9　2个9　2个9　1个9　1个9

（二）$4+3+2+1+1=11$

$$9+9+9+9+9+9+9+9+9+9+9=36+27+18+9+9$$

4个9　3个9　2个9　1个9　1个9

呵呵，按照计划，射中1支45分，2支18分，2支9分，共99分。

我想射2支9分，18分、27分、36分各1支，但是失败了！

这个游戏除了靠头脑，手感也要好呢！

猫儿花生，这是你的饼干礼盒！

数学追追追

射靶游戏透过猜测、估计解答，会花费较多时间。但是经由数字分析，则可以用较短的时间，求出答案。假如标靶最外圈的分数改成5分，飞镖还是5支，要怎么射出100分？

（答案请见61页）

03

爱计较的三只小猪

三只小猪是什么东西都要平分的三兄弟，天天都在吵架……

孩子们！我买了1盒蛋糕，你们拿去分吧！

好棒喔！

总共有10块蛋糕，一个人可以拿多少块呢？

每个人3块，3×3=9，还剩1块！

我是老大，多的那1块应该分我！

为什么？我最小，应该给我！

每次有好东西都被你们两个分掉，不公平！

你们不要打了！

猫儿摩斯，请你帮帮忙……

我们家三只小猪老是抢东西吃……

嗯，我了解了！

我每次买的东西都没办法平分成3份，所以他们老是打架！

咦？你只要看看每次买的东西能不能被3整除就好啦！

唉呀！我的数学不好，太大的数我就不会除以3了！

别怕！只要你会加法，也能确定你买的数量能不能被3整除喔！

真的吗？

把每一位数都加起来，如果和是3、6、9，就可以被3整除，平分成3等份喽！

小朋友，找一些3的倍数试试看，这个方法真的有效吗？

我算算看！如果是 12，1+2=3，12 的确是 3 的倍数！

试试看！如果是 15 或 18 呢？

15 的数字和是 6，18 的数字和是 9，也都是 3 的倍数！

没错吧！

如果是更大的数呢？例如 39 或 48，它们的数字和是 12？甚至像是 69，它的数字和是 15 呢？

那也很简单！

只要再把数字和的两位数加起来，等于一个个位数，就能判断了！

真的耶！ 12 的数字和等于 3，15 的数字和等于 6，所以这几个数字也是 3 的倍数！

谢谢你！猫儿摩斯，我们家以后就不会打架了！

哈哈！哪里哪里！

数学追追追

倍数的速算魔法

除法是不是让你伤透脑筋呢？其实很多数的倍数都有神奇的快速判断法！

除了前面说的 3 的倍数和 5 的倍数，最简单的像 2 的倍数要看个位数是不是 0、2、4、6、8；4 的倍数则是看十位数和个位数是不是 4 的倍数，例如 12 是 4 的倍数，所以 112 是 4 的倍数；9 和 3 的判断法很类似，是看数字和是不是 9 和 3 的倍数！熟记这些技巧，可以让你的计算更神速喔！

魔豆传奇

TOP 动物小学的小朋友，今天要学习怎么种豆子……

04

小朋友，你们都带豆子来了吗？

有！

我带了昨天吃剩下的绿豆。

我带了蚕豆酥！

这些不能种啦！

我带了巧克力豆。

老师，豆子要种多久才会长大呢？

别急！一般的豆子每天最多只长几厘米。

几厘米而已？好慢喔！

哈哈！种植物本来就要有耐心呀！

小鸡同学，你带了什么豆子呢？

妈妈昨天帮我买了一颗……"杰克与魔豆"中的魔豆！

真的吗？

没错！这真的是魔豆！

妈妈说，这魔豆苗每天会长成前一天的两倍高！

如果第1天是1厘米，第2天会变成2厘米，第3天就会变成4厘米，第4天变成8厘米……

听起来也没有很厉害嘛！

太逊了！我的魔豆苗每天都可以长高10厘米喔！

哇！这么快！

真的好厉害喔！

要不要跟我换呀？你的魔豆苗很快就会像大树一样高啦！

你愿意跟我换？你真是大好人！

小猴子，你又在骗人了，小鸡的魔豆生长速度后来会比你的快多了！

糟糕！又是猫儿摩斯！

什么？我被骗了！

小猴子的魔豆一天长10厘米，小鸡的魔豆每天会长成前一天的两倍高，谁的魔豆后来会长得比较快呢？

如果两颗魔豆一开始都是 1 厘米高，最后谁会长得比较高呢？

应该是小猴子的魔豆吧！

还用比吗？小鸡的魔豆苗到了第 4 天才长到 8 厘米，小猴子的魔豆苗第 2 天就长到 11 厘米！

如果魔豆苗的高度继续增加呢？

我的魔豆苗每天高度都会是前一天的两倍……所以第 6 天是 32 厘米……

可是第 7 天我的魔豆苗就长到 64 厘米，但你只有 1 厘米（第一天的高度）+60 厘米（到了第 7 天长高的高度）=61 厘米，我赢过你了！

哼哼！我 6 天总共长高了 50 厘米，还是比你高！

糟糕！被发现了！

15

没错！事实上，魔豆苗生长到60天之后，高度甚至可以穿越天空，跑到宇宙哩！

原来如此！难怪它可以带杰克跑到天空的城堡！

原来你打算骗我的魔豆！

对不起！我一时贪心！

哈哈！大家别争了！我们一起好好种下魔豆，到天空去玩吧！

喔！好耶！

数学追追追

小小的魔豆苗，每天生长到两倍，只要两个月的时间就可以穿越天空，真是太不可思议了！这种神奇的数学魔法被称为"二进制数列"，在这种数列中每一个数字都是前一个数字的两倍，就像魔豆苗每天的高度都是前一天的两倍一样，数字增加的速度会突然变快，产生你所想象不到的天文数字。

我以后每天都要吃豆子，这样也可以长得像魔豆一样高！

猫咪每天吃豆子，会拉肚子吧！

05

奖品是什么？

狐狸老板举办抽奖活动，只要到店里买东西，就能抽奖。

狐狸老板，我们要买这些铅笔和尺。

好的，这是抽奖箱，每人抽一张。

呜……我没有抽中。

再接再厉，下次手气会更好！

我拿到谜题了。

恭喜你中奖了！必须猜对 A 是什么数字，才能拿大奖！

❶ A 比 15 大，比 20 小。

❷ A = 甲 + 乙 + 丙。

❸ 3 < 甲 < 9，4 < 乙 < 8，1 < 丙 < 5。

❹ 甲、乙、丙之中，有一个是 3 的倍数，其他两个是 4 的倍数。

先把甲、乙、丙可能的数字列出来。

	线索	表示	可能的数字
甲	3＜甲＜9	比3大，比9小	4,5,6,7,8
乙	4＜乙＜8	比4大，比8小	5,6,7
丙	1＜丙＜5	比1大，比5小	2,3,4

第4点"有一个是3的倍数，其他两个是4的倍数"，所以把不是3和4的倍数的删掉。

删好了。

		表示	可能的数字
甲	3＜甲＜9	比3大，比9小	4,5̶,6,7̶,8
乙	＜8	比4大，比8小	5̶,6,7̶
丙		比1大，比5小	2̶,3,4

乙＝6，剩下甲和丙不知道。

乙⇓6

乙是3的倍数，那甲、丙就是4的倍数，所以丙＝4，甲＝4或8。

丙⇒4

甲⇒4或8

![数学追追追]

删去法的妙用

　　你有没有发现解数学题目，也像侦探在推理呢？侦探常会列出嫌疑犯名单，然后从证据中删除不可能的嫌疑犯，最后才找出真正的凶手。如果题目改成"4 < 甲 < 9，4 < 乙 < 8，3 < 丙 < 7"，提示改成"甲是 4 的倍数，其他两个是 3 的倍数"，那么甲、乙、丙三个数字各是多少？

　　答：甲 = 　　　　　，　乙 = 　　　　　，　丙 = 　　　　　。

（答案请见 61 页）

帮熊婆婆设计串珠

熊婆婆最近生病了，没办法做串珠赚钱。小羊、小兔和猫儿花生、猫儿摩斯，到她家探病。

熊婆婆，我们带了您爱吃的点心。

您好好休息，我们可以帮忙做串珠喔！

太谢谢你们了！平常我都是做动物串珠，但是那个有点难度。

这样好了，你们串手环或项链。只要串珠的排列有规律，怎么串都好看。

我有个想法，大家来玩串珠游戏。

好耶！要怎么玩呢？

我设计图案，你们找出图案的规律，再用珠子串出来。

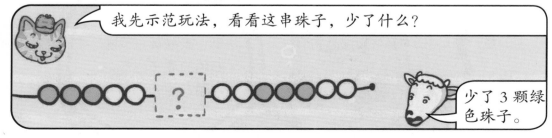

我先示范玩法，看看这串珠子，少了什么？

少了3颗绿色珠子。

没错，找出答案，就依上面的排列方式串珠子。

我明白了，请出题吧！

我画好三个图案，你们抽牌选题吧！

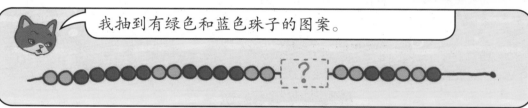

我抽到有绿色和蓝色珠子的图案。

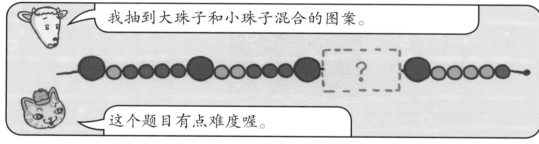

我抽到大珠子和小珠子混合的图案。

这个题目有点难度喔。

我抽到的题目，有好多蓝色珠子。

给你们十分钟解答。

数数看，不同颜色的珠子，各有几颗？

22

这题好简单，写下不同颜色珠子的数目，就能找出规律了。

2　　5　2　4　2　　? 　2 2 2 1

绿色珠子都是两颗，蓝色珠子按5，4，3，2，1的次序排列。

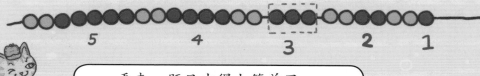

5　　4　　3　　2　　1

看来，题目出得太简单了。

我也填好珠子的数目了，但是找不出规律。

1　1　4　1　2　3　1　　?　　1　4　1

我给个提示，数一数蓝色珠子之间绿色珠子和紫色珠子的总数。

我知道了！绿色珠子加紫色珠子总和是5，绿色珠子由左到右，依1，2，3，4的次序排列，紫色珠子是4，3，2，1。

1+4=5　　2+3=5　　3+2=5　　4+1=5

不错唷，这么难的题目都答出来了。

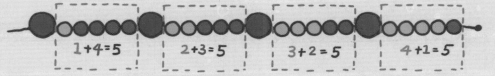

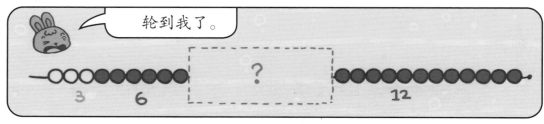

轮到我了。

3 6 ? 12

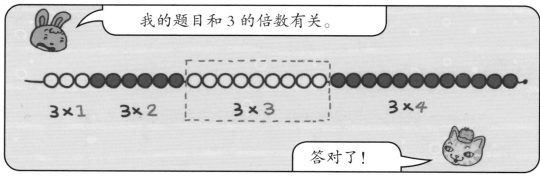

我的题目和 3 的倍数有关。

3×1 3×2 3×3 3×4

答对了!

串珠游戏真好玩。

现在换我出题,你们串珠子。

数学追追追

设计珠子的规律,可以由加、减、乘、除等方式,组合出很多组图案。现在,请想想看,下面珠子的排列图案,"?"里有几颗什么颜色的珠子呢?

(答案请见 61 页)

07

九层饼、千层酥的秘诀

小兔打完篮球，肚子正饿着。这时，巷口传来吆喝声："九层饼、千层酥，快来买！"他们赶紧跑过去。

九层饼包肉，千层酥是奶油做的，都很美味。

我两个都想吃。

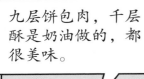

等等，他的九层饼没有9层，千层酥更不可能有1000层。

别胡说，我这可是货真价实的九层饼和千层酥。

你们在吵什么啊？

我的九层饼折8次才达9层；千层酥则要999次。他每天卖那么多饼，怎么做得出来？

你们干脆做一次给大家看。

我有我自己的绝招！

好哇！如果狗儿老板说谎，他要把我的饼全买走，并请大家吃。

黑黑口

没问题！如果我对了，你也要向我买饼，请大家吃。

狐狸老板，你先来吧！

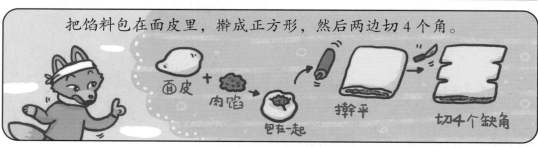

把馅料包在面皮里，擀成正方形，然后两边切4个角。

面皮 + 肉馅 → 包在一起 → 擀平 → 切4个缺角

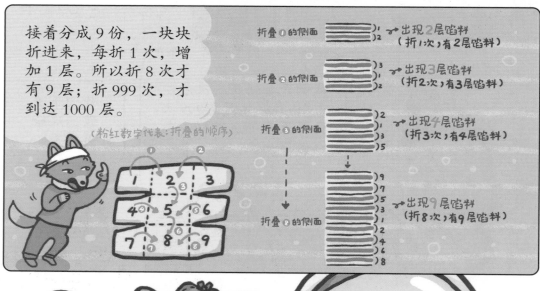

接着分成9份，一块块折进来，每折1次，增加1层。所以折8次才有9层；折999次，才到达1000层。

（粉红数字代表：折叠的顺序）

1	2	3
4	5	6
7	8	9

折叠①的侧面 → 出现2层馅料（折1次，有2层馅料）

折叠②的侧面 → 出现3层馅料（折2次，有3层馅料）

折叠③的侧面 → 出现4层馅料（折3次，有4层馅料）

折叠⑧的侧面 → 出现9层馅料（折8次，有9层馅料）

狐狸一层一层折面皮，很费时，有更快的方法吗？

26

狗儿老板，你的绝招是什么？

我也是把馅料包进去，再擀成长方形面皮。

面皮 + 肉馅 = 包在一起 → 擀平

接着，两边折向中间。

跟我一样啊，折1次，增加1层。

切2刀

折2次，有3层馅料

但是接下来我比你厉害。我重复之前的动作，再分3份、两边向中间折。

再切2刀

☆绝招!!

那也是折1次，增加1层啊。

不，狗儿老板的方法聪明多了。

咦，聪明在哪里？

最后两折，狗儿老板每折1次就多3层，不是1层喔！

折4次，就有9层馅料

1，2，3……9，共9层。

所以 4 次就能折 9 层了。

那千层酥呢？再怎么折，也不可能一下子就达到 1000 层。

想想看，如果重复狗儿老板的动作，把面皮再分 3 份，两边向中间折，会有多少层？

数学追追追

狐狸老板的方法只能应用在少层数的面饼上。狗儿老板的方法，层数会以 3 的倍数快速增加：

阶段	原有层数	折叠次数	馅料层数
第一阶段	1 层	2 次	3 层
第二阶段	3 层	2 次	3 + 2 × 3 = 9 层
第三阶段	9 层	2 次	9 + 2 × 9 = 27 层
第四阶段	27 层	2 次	27 + 2 × 27 = 81 层
第五阶段	81 层	2 次	81 + 2 × 81 = 243 层
第六阶段	243 层	2 次	243 + 2 × 243 = 729 层
第七阶段	729 层	1 次	729 + 1 × 729 = 1458 层
		合计折 13 次	

依狗儿老板的做法，折 13 次就能做出千层酥了！

我的饼怎么都不见了？

你不是说赌输了，就请大家吃！

消失的金币？

一早醒来，猴老爹发现保险柜被撬开，珍藏的金币不见了。

我在地上捡到一张套着塑胶套的纸卡，这不是我的东西。

纸卡上有两个算式，不知道是什么意思。

这纸卡还有青蛙图案的水印。

是呱呱卖场的工作证，小偷应该是那里的员工。

08

呱呱卖场那么多员工，怎么知道是哪一位？

橘色格子的三位数字就是员工编号。

你怎么知道？

我在呱呱卖场打过工，老板喜欢玩数学游戏，所以员工编号都是用数学算式表示。

有了员工编号就能找到小偷！

都是空格，答案算得出来吗？

题目是不是漏写了什么？

想想看，右边算式的答案，百位数的数字可能是多少？

这题可以先看右边的加法，最左边的百位数数字一定是 1。

如果比 1 大，答案就变成 4 位数。

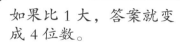

没错，接着算我写的算式。

这个刚学过，我会！

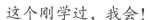

只有乘以 2 符合百位数的数字是 1。

（答案请见61页）

数学追追追

利用竖式求解，在计算数字超过两位数时，相当好用。因为利用个位数与个位数对齐、十位数与十位数对齐，可以很快求出答案。想想看，以下空格该填什么数字？

石板上的神秘数字

09

土拨鼠搬新家，请大家来新家吃饭。他们家有好多古怪的宝贝，全是土拨鼠爸爸挖来的。

你们家宝贝真多，借我几样摆在店里，吸引客人上门。

别上当，狐狸老板一定会占为己有。

这些石板上面的数字是什么意思？

我也不知道，我猜它是原始人刻的。

原始人刻的，那不就是古董？

原始人哪有文字？石板上的数字，我想了好久，也猜不出是什么意思。

快告诉我啊，这是不是和宝藏有关？

这可能是九九乘法表里的一小部分。

×	1	2	3	4	5	6	7	8	9
1	1	2	3	4	5	6	7	8	9
2	2	4	6	8	10	12	14	16	18
3	3	6	9	12	15	18	21	24	27
4	4	8	12	16	20	24	28	32	36
5	5	10	15	20	25	30	35	40	45
6	6	12	18	24	30	36	42	48	54
7	7	14	21	28	35	42	49	56	63
8	8	16	24	32	40	48	56	64	72
9	9	18	27	36	45	54	63	72	81

哇！真的耶。

那空格上的数字，我也知道了。

猫儿摩斯，你竟然把九九乘法表背得这么熟！

这不是背出来的。九九表中，任意围出一个九宫格，四角的数字和都等于中间数字的 4 倍。

我们来算算。

$6+18+8+24=56=14×4$

$15+21+25+35=96=24×4$

$49+63+63+81=256=64×4$

真的是这样！

还以为是什么藏宝游戏，真没意思…… 我走了。

大家肚子饿了吧，准备吃饭了。

我来喽！

数学追追追

　　用 3 乘 3 的九宫格，围住九九乘法表中任意 9 个数，除了四个角落的数字和等于中间格数字的 4 倍外，中间数和上下左右 4 个数字有什么关系呢？

	15	
16	20	24
	25	

	30	
28	35	42
	40	

（答案请见 62 页）

狐狸老板的手工饼干

10

有人向狐狸老板订购了很多手工饼干，朋友们都到店里帮他将饼干装进纸盒里。

今天下班，特地跑来帮你。

真是太感动了。

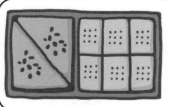

我真佩服我自己，这些饼干刚好填满纸盒。

这很困难吗？

当然不简单。不然我考考你，有一个正方形纸盒的边长是 8 厘米……

边长是什么？

我来解释边长。你们知道三角形和长方形的差别吗？

三角形有三条边，长方形是四条边。

没错。不管是三角形或长方形，每条边的长度称作"边长"。

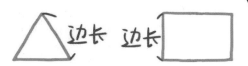

长方形有四条边，有两对对边一样长。

确实好好学了数学，不错！

我还知道如果三角形的三条边长都一样，就叫做"正三角形"。

四边形的四条边长都一样，称作"正方形"。

现在大家都认识边长了，请狐狸老板出题。

好的！

有个正方形纸盒，边长是 8 厘米。里面要放一块边长 6 厘米的正方形巧克力，以及 4 块同样大小的长方形饼干。请问，长方形饼干的短边和长边各要多长？

先把巧克力放进去了，剩下的是饼干的位置。

想一想，巧克力和四块饼干要怎么装进正方形纸盒？

这样好像放不进 4 条一样大小的长方形饼干？

放饼干有诀窍，我提供一个方法。

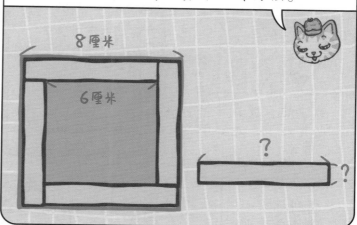

8厘米

6厘米

?

?

现在，我画一条虚线，"？"代表饼干的短边长度，你们算一算有多长？

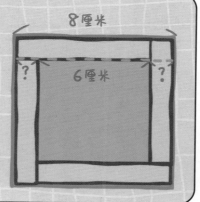

8厘米

?

6厘米

?

纸盒的边长，扣掉巧克力的边长后，剩 2 厘米。所以两块饼干的短边加起来是 2 厘米，一块饼干的短边就是 1 厘米。

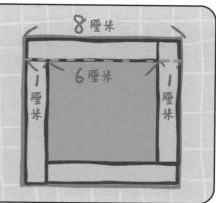

8厘米

1厘米

6厘米

1厘米

$8 - 6 = 2$（厘米）
$? + ? = 2$
$1 + 1 = 2$
$? = 1$

很好，答对了！

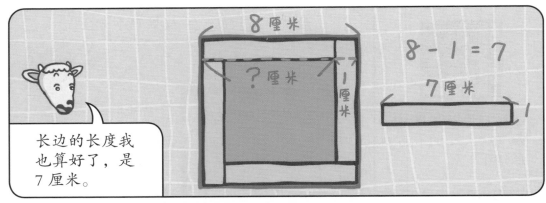

长边的长度我也算好了，是 7 厘米。

没想到把饼干装进纸盒，也会用到数学。

是啊，生活中处处有数学呢！

多出来的饼干，是不是能送给大家吃？

谢谢你们来帮忙，请拿去吃吧！

数学追追追

　　测量好某个图形的边长，并将每一边的长度加起来，得到的总和便是"周长"，例如右边长方形的周长为 16 厘米：7+1+7+1=16（厘米）

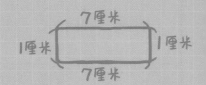

　　请算算看，边长分别为 3、4、5 厘米的三角形，周长是多少厘米？

（答案请见 62 页）

贴纸簿真好玩

11

为了感谢大家帮忙包装饼干盒，狐狸老板送大家贴纸簿。

贴纸簿积了好多灰尘，肯定是卖不出去的库存货！

别这么说嘛，我再请大家吃水果。

贴纸簿的图案好单调，难怪卖不出去。

虽然不好看，但是可以玩游戏哦！

要怎么玩？或许可以利用游戏，让贴纸簿卖光光。

那就来玩吧！大家拿9张正方形贴纸，在簿子上贴一个图案，想贴什么就贴什么。

贴纸的四个边长都是1厘米，那周长就是4厘米。

四个边相加：1+1+1+1=4（厘米）

都是用9张正方形贴纸排成的图案，周长会不一样吗？

算算看就知道了。

可以先把图形的周长圈出来，然后标上每一边的长度，再计算周长。

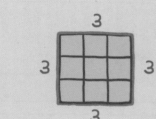

我的大正方形周长是12厘米。

周长：3+3+3+3=12（厘米）

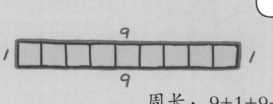

长棍子的周长是20厘米。

周长：9+1+9+1=20（厘米）

桌子是20厘米。

周长：5+3+1+2+3+2+1+3=20（厘米）

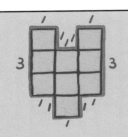

周长：1+1+1+1+1+3+1+1+1+1+1+3=16（厘米）

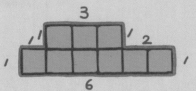

周长：1+1+3+1+2+1+6+1=16（厘米）

狐狸头和帽子都是16厘米。

我的周长最短，是12厘米。

我和警长的周长最长，是20厘米。

原来，用一样多的正方形贴纸贴出不同形状，周长会不一样。

这游戏不错，我有办法卖掉贴纸簿啦！

数学追追追

"周长"不只是数学上的计算题，生活中也会用到它。例如跑操场一圈的距离；科学家计算绕地球一圈的距离等。请想想看，小羊贴出了一个碗的形状，请问它的周长是几厘米？

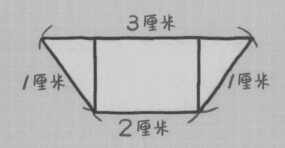

3厘米

1厘米

1厘米

2厘米

（答案请见62页）

12

七只小羊的可乐危机

饮料店的狐狸老板最近举办"买三送一"的促销活动，只要用三个饮料空瓶就可以换到一瓶新饮料，吸引七只小羊跑来抢购……

别急！你们只要拿喝完的 3 个空瓶，就可以再换 1 瓶新的，这样就有 6 瓶了……

真的吗？太好了！

好是好！可是 6 瓶还是不够分啊！

还是不行吗？

7-6=1

现在只差 1 瓶了！你们可以回家跟妈妈再要 10 元，或者少喝 1 瓶呀！

可是…… 妈妈说我们每天只能花 50 元，而且喝不到的那只羊太可怜了！

50 一天

狐狸老板，你不要欺负小羊了！ 50 元明明 就可以买到 7 瓶青草可乐呀！

按照狐狸老板的说法，你们每只羊都可以分到 1 瓶青草可乐！

猫儿摩斯，你又来破坏我的好事！

YA！！

这是真的吗？

想知道如何用 50 元买到 7 瓶青草可乐吗？

数学追追追

再来 1 瓶的谜题

　　这次的"集空瓶换饮料"是非常生活化的数学谜题。大家常常误以为只有刚开始买的饮料空瓶才能拿去换，忘记换来的饮料也可以变成新的空瓶，再次拿去换新的饮料。

　　现在再试着挑战看看，如果拿 70 元去买青草可乐，最多可以买到几瓶呢？

（答案请见62页）

小熊饼干

狐狸老板学会了做很多口味的小熊饼干。

13

快来买好吃的小熊饼干喔!

有什么口味?

今天有橘子饼、奶油饼和香葱饼。

没有核桃饼、杏仁饼和南瓜饼啊?

没有。

可是上次我和小羊一起买到了这三种口味呀。

我一共卖十种口味的饼干,但每天只卖三种,隔天就换另外三种。这是我推出的饼干口味。

打星号（★）的是今天卖的饼干，打圆圈的（○）是明天要卖的。

口味	备注
1 橘子饼	★
2 奶油饼	★
3 香葱饼	★
4 燕麦饼	○
5 鸡蛋饼	○
6 草莓饼	○
7 香草饼	
8 核桃饼	
9 杏仁饼	
10 南瓜饼	

小熊造型饼干

所以后天是香草饼、核桃饼和杏仁饼。

什么时候可以同时买到核桃饼、杏仁饼和南瓜饼？

这……我也不知道。你们天天来，总有一天会等到的。

我知道是什么时候。

你知道？

等30天就可以吃到了。

要等这么久啊！

不用30天哦！

十种饼干，每天卖三种，共有几种口味组合？

50

你怎么算出是30天?

嘻，我是凭直觉的。

数学不能凭直觉，要有方法。

什么方法？

把饼干口味和日期画成表格，就看得出来了。9月1日卖橘子饼、奶油饼、香葱饼；9月2日卖燕麦饼、鸡蛋饼、草莓饼……

	口 味	日		期		
1	橘子饼	9/1	9/4	9/7	9/11	9/14	9/17
2	奶油饼	9/1	9/4	9/8	9/11	9/14	9/18
3	香葱饼	9/1	9/5	9/8	9/11	9/15	9/18
4	燕麦饼	9/2	9/5	9/8	9/12	9/15	9/18
5	鸡蛋饼	9/2	9/5	9/9	9/12	9/15	9/19
6	草莓饼	9/2	9/6	9/9	9/12	9/16	9/19
7	香草饼	9/3	9/6	9/9	9/13	9/16	9/19
8	核桃饼	9/3	9/6	9/10	9/13	9/16	9/20
9	杏仁饼	9/3	9/7	9/10	9/13	9/17	9/20
10	南瓜饼	9/4	9/7	9/10	9/14	9/17	9/20

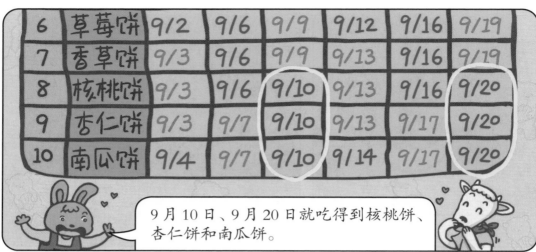

6	草莓饼	9/2	9/6	9/9	9/12	9/16	9/19
7	香草饼	9/3	9/6	9/9	9/13	9/16	9/19
8	核桃饼	9/3	9/6	9/10	9/13	9/16	9/20
9	杏仁饼	9/3	9/7	9/10	9/13	9/17	9/20
10	南瓜饼	9/4	9/7	9/10	9/14	9/17	9/20

9月10日、9月20日就吃得到核桃饼、杏仁饼和南瓜饼。

原来只要画表格，就可以清楚知道啦！

小兔，我们9月10日再来买饼干吧！

数学追追追

遇到分类的题目，只要画成表格，便能把题目整理清楚，并且快速解决问题。

狐狸老板预计推出十一种口味的饼干，10月1日卖橘子饼、奶油饼和香葱饼。

	口味
1	橘子饼
2	奶油饼
3	香葱饼
4	燕麦饼
5	鸡蛋饼
6	草莓饼
7	香草饼
8	核桃饼
9	杏仁饼
10	南瓜饼
11	栗子饼

请问，10月10日可以同时买到哪三种饼干呢？

（答案请见62页）

一笔画餐厅

14

猫儿摩斯请小羊和小兔到一笔画餐厅吃饭。点餐前，大家要先挑战"一笔画游戏"。

一笔画游戏是什么？

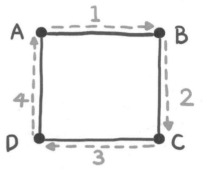

就是将图形的所有线条，用一笔画连起来。画的时候，笔不能离开纸，而且每条线只能画一次。

如果同一条线重复画两次，就不能叫做一笔画。

你们要不要试着挑战这题？

我来玩，看起来很简单！

你犯规啦！你又从别的点开始画，就不是一笔画，请看我的示范。

原来要这样画啊。

现在请大家抽题，过关后，就能点餐了。

我抽到鱼。

我是松鼠。

我是蛋糕。

嘿嘿！我画好了！

想想看，从任何一点开始，都能完成一笔画吗？

我也解出来了。

画了两次，都失败了！

你只能从 C 点或 F 点开始画。

从 C 点开始？

真的耶，成功了！为什么会这样？

这个图有六个点，来看看每个点连着几条线。

除了 C、F 之外，其余全连着偶数条线。

连着偶数条线的称作"偶点"，奇数条线称作"奇点"。一笔画图形如果有奇点，要从它开始画起，才会成功。

我抽到的图，全是偶点。

那就不一定要从哪个点开始画起。

你们讨论得真热烈，先来点餐吧！

数学追追追

不是所有的图形，都能以一笔画完成，要看奇数的个数。

如果图形全是偶点，或奇点最多只有两个，则可以画成一笔画；假如奇点个数超过两个，试试看，可以一笔画完吗？

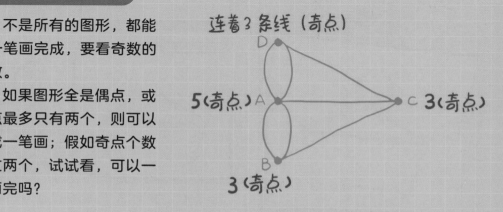

连着3条线（奇点）

5（奇点）A

3（奇点）

C 3（奇点）

（答案请见63页）

金字塔的神秘能量

猫儿摩斯坐进能量金字塔后，发现自己好像有读心术。

坐进金字塔，突然觉得自己有某种魔力，可以看穿每个人心里想的数字。

这样好了，你们想个数字，我来猜。

骗人可不行喔。

我手上刚好有四张数字卡，大家就从里面找个数字吧！

1	2	3	5	9	11	12	14
1	5	6	7	8	9	12	15
3	4	7	9	10	12	14	15
1	2	3	4	7	8	9	13

我选好了。

如果选好了，就找找看，自己选的数字出现在哪些卡片上。

我的数字出现在绿色、蓝色和红色卡片。

我的是蓝色和红色。

只有黄色卡片有我选的数字。

我的是黄、绿、红。

我知道了。

 是 7

 是 4

 是 11

 是 1

谁的数字没说中？

我的猜错了，我是选 9 。

9？四张色卡都有 9 啊，你少说蓝卡。

嘿嘿，没看仔细。不过，你不是说可以看穿我们吗？

因……因为刚才走出金字塔，读心术的能力消失了。

四张卡片一共有 15 个数字，请整理每个数字各出现在哪几张卡片上。

这是整理好的表格。

1	2	3	4	5	6	7	8	9	10	11	12	13	14	15
◆	◆	◆		◆				◆		◆	◆		◆	
●				●	●	●	●	●			●			●
		▲	▲			▲		▲	▲		▲		▲	▲
■	■	■	■			■	■			■			■	

只要说出所选的数字出现在哪几张卡片上，就知道答案了。

像是数字只出现在绿卡，就是 6。

如果只出现在蓝卡。

就是 10。

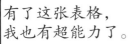

有了这张表格，我也有超能力了。

你可别想利用魔术伎俩，卖金字塔道具发财喔！

我才不会呢！

数学追追追

猜数字游戏，还可以有其他玩法，例如将数字改成图案，请对方选图；或调整难易度，将数字以及卡片数量增加或减少。

猫儿摩斯重新设计题目，这次用到 3 张卡片，7 个图案，请找找看哪个图案只出现在黄卡和蓝卡上。

（答案请见63页）

解 答 ☆ ☆

第 4 页

25+20+20=65 元

第 8 页

90+5+5=（45+27+18）+5+5=（36+27+27）+5+5
所以有以下解答：
45，27，18 分各一支，和两支 5 分。
或是 36 分一支和两支 27 分、两支 5 分。

第 20 页

甲 =8 乙 =6 丙 =6

第 24 页

4 颗橘色的珠子。因为不同珠子的颜色，由左而右的顺序是 2, 3, 4, 5, 4, 3, 2, 1，数字先逐一增加，再逐一减少。

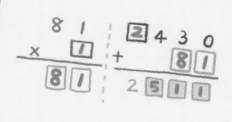

第 32 页

很简单吧！

解 答

第 36 页

上下左右 4 个数字和 = 中间数字的 4 倍：
15+25+16+24=80=20 × 4
30+40+28+42=140=35 × 4

第 40 页

12厘米。

7厘米。

第 44 页

第 48 页

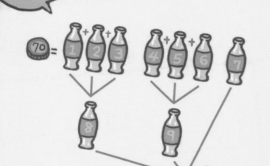

可以买到 10 瓶。

草莓饼、香草饼、核桃饼。

第 52 页

解 答

第 56 页

无法一笔画完成。

第 60 页

找一找　涂一涂

大家来找找图中的规律吧，涂上正确的颜色。

图书在版编目（CIP）数据

猫侦探的数学谜题. 4，消失的金币 / 杨嘉慧，施晓兰著；郑玉佩绘. -- 武汉：长江文艺出版社，2023.7
ISBN 978-7-5702-3036-5

Ⅰ.①猫… Ⅱ.①杨… ②施… ③郑… Ⅲ.①数学—少儿读物 Ⅳ.①O1-49

中国国家版本馆 CIP 数据核字（2023）第 053921 号

项目合作：锐拓传媒 copyright@rightol.com

著作权合同登记号：图字 17-2023-117

猫侦探的数学谜题. 4，消失的金币
MAO ZHENTAN DE SHUXUE MITI. 4，XIAOSHI DE JINBI

责任编辑：钱梦洁	责任校对：毛季慧
装帧设计：格林图书	责任印制：邱 莉 胡丽平

出版 长江出版传媒 | 长江文艺出版社
地址：武汉市雄楚大街 268 号　　邮编：430070
发行：长江文艺出版社
http://www.cjlap.com
印刷：湖北新华印务有限公司

开本：720 毫米×920 毫米　　1/16　　印张：4.5
版次：2023 年 7 月第 1 版　　2023 年 7 月第 1 次印刷

定价：135.00 元（全六册）

长江文艺出版社

精品少儿图书推荐

金波"爱的小雨滴"朗读本(全5册)
金波 著 李潘 朗诵

春有百花秋有月,夏有凉风冬有雪
金波爷爷携手央视《读书》栏目主持人
带你一起读春天,读童年,读语文

作者简介:

　　金波,生于1935年,著名儿童文学作家,创作儿童文学60余年,当代"抒情派童话"代表性人物。获国际安徒生奖提名、国家图书奖、中宣部"五个一工程"奖、全国优秀儿童文学奖、冰心儿童文学奖、陈伯吹国际儿童文学奖……20多篇作品入选小学语文课本。

朗诵者简介:

　　李潘,国家新闻出版广电总局特聘全民阅读形象大使,中央电视台《读书》栏目制片人、主持人。先后主持《读书时间》《子午书简》《读书》等栏目。创办并制作《中国好书年度盛典》《书香中国》等大型品牌特别节目,获得国家级等各级奖项30余项。

长江文艺出版社2022年6月出版
定价125元(共5本),每本附赠朗读音频
当当、京东、天猫、抖音等平台均有销售

长江文艺出版社

精品少儿图书推荐

厕所帮少年侦探（全10册）
林佑儒 著 姬淑贤 绘

十年畅销不衰，荣获书业多项大奖，
百余幅爆笑漫画，让孩子笑破肚皮、
快乐阅读！

你还不知道"厕所帮"吗？不要以为厕所帮是帮忙扫厕所的，里面可是卧虎藏龙、机智满点的小侦探们！无论是偷窃风波、绑架之谜、魔咒事件还是古屋夏日谜团，只要有他们出马，都可以轻松解决。

一系列惊奇、冒险又神秘的故事，看厕所帮如何展现智慧，发挥推理能力，破解各种校园神秘事件，培养孩子的逻辑推理与冒险精神。在校园中，只要有事件发生，就是厕所帮出动的时刻了！

长江文艺出版社2023年1月出版
定价220元（共10本）
当当、京东、天猫等平台均有销售

长江文艺出版社

精品少儿图书推荐

宁熙街的守护者
顾鹰 著

课本作家、畅销书《我变成了一棵树》作家顾鹰
重磅新作
一个"宫崎骏式"的奇幻故事
一段寻找初心的冒险旅程
奇迹般的相遇、寻回遗失的记忆，
你愿意成为宁熙街的守护者、"隐侠"的一员，
拯救宁熙街吗？

长江文艺出版社2023年7月出版
定价28元

作者简介：

　　顾鹰，中国作家协会会员，江苏省第七届签约作家。在《儿童文学》《少年文艺》等刊发表作品百多篇，出版二十多部儿童文学作品。作品曾获冰心儿童文学新作奖、叶圣陶文学奖、"上海好童书"奖、苏州市"五个一工程"奖等众多奖项。她的童话作品《我变成了一棵树》入选部编版三年级下学期语文课本。

王一梅精品系列（全4册）
王一梅 著

全国优秀儿童文学奖、
中宣部"五个一工程"奖得主、
著名儿童文学作家王一梅长篇精品系列浓情上市
4部长篇，蕴含4大成长主题，
带领孩子轻松走过懵懂的童年时光

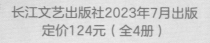

长江文艺出版社2023年7月出版
定价124元（全4册）